Anleitung

zur

Einrichtung, Aufstellung und Handhabung

von

Gas-Heiz- und -Kochapparaten

Bearbeitet und herausgegeben

vom

Deutschen Verein von Gas- und Wasserfachmännern, e. V.

Zweite umgearbeitete Auflage

München 1917
Druck von R. Oldenbourg

Inhaltsverzeichnis.

Anleitung zur Einrichtung, Aufstellung und Handhabung von Gas-Heiz- und -Kochapparaten.

I. Allgemeiner Teil.

1. Die Verbrennung des Gases.

Verbrennungsvorgänge.

Das Steinkohlengas mittlerer Zusammensetzung bedarf zu seiner vollkommenen Verbrennung auf einen Raumteil Gas etwas mehr als einen Raumteil Sauerstoff oder 5 Raumteile Luft, da die Luft, in runden Zahlen ausgedrückt, aus einem Gemisch von 1 Raumteil Sauerstoff und 4 Raumteilen Stickstoff besteht.

Entzündet man Gas, das unter mäßigem Druck aus einer Brenneröffnung austritt, so verbrennt es, je nachdem die Öffnung ein kreisförmiges Loch oder ein Schlitz ist, mit einer langen spitzen oder mit einer breiten scheibenförmigen leuchtenden Flamme. Die zur Verbrennung nötige Luftmenge strömt der Flamme von selbst zu. Das Leuchten der Gasflammen wird dadurch bewirkt, daß einzelne einen wesentlichen Bestandteil des Leuchtgases bildende Kohlenwasserstoffe, sobald sie sich der Verbrennungszone nähern, infolge der Wärme zerfallen und die freigewordenen Kohlenteilchen, ehe sie verbrennen, glühend werden. Wird ein kalter Körper in eine leuchtende Flamme gebracht, ändert sich der Vorgang. Der Zerfall der Kohlenwasserstoffe tritt dann zwar ebenfalls ein; aber der Kohlenstoff verbrennt nicht mehr, sonderr schlägt sich als schwarzer Ruß an dem kalten Körper nieder. Eine leuchtende Flamme ist daher schlecht zu gebrauchen, wenn es sich, wie beim Kochen, darum handelt, an mit

2*

Flüssigkeit gefüllte Gefäße Wärme abzugeben. Um eine
Berußung solcher Gefäße zu vermeiden, muß eine rußfreie
Flamme erzeugt, d. h. die Gasflamme »entleuchtet« werden.
Dies geschieht durch Zumischung von Luft zum Gas, bevor
dieses zur Verbrennung gelangt; es kann sich dann kein
Kohlenstoff in der Flamme mehr ausscheiden, da er durch
den Sauerstoff der beigemischten Luft sofort aufgezehrt wird;
das Gas verbrennt mit blauer Flamme.

Der Bunsenbrenner.

Bei dem bekannten Bunsenbrenner strömt das Gas
aus der »Düse« mit erhöhter Geschwindigkeit in das mit
Luftzutrittsöffnungen ausgestattete »Mischrohr«. Gas und
Luft mischen sich darin und brennen, an dessen Ende
angezündet, mit dem jeder »Bunsenflamme« eigentümlichen
blaugrünen Doppelkegel. Im Bunsenbrenner verbrennt das
Gas vollständig mit kurzer und heißer Flamme zu Kohlensäure und Wasserdampf. Bei der Berührung der Flamme
mit kalten Flächen tritt eine Rußbildung nicht ein.

Voraussetzung für das richtige Brennen des Bunsenbrenners ist, daß Gas und Luft sich im richtigen Verhältnis
mischen. Das ist der Fall, wenn das Gas an der Verbren-
nungsstelle eine straffe, kurze, durchsichtig blaue, nicht
leuchtende Flamme mit scharf begrenztem grünen oder blaugrünen Kern bildet. Ist die Gasmenge zu gering, z. B. infolge falscher Einstellung der Düsenöffnung oder zu geringen
Gasdruckes oder auch infolge Verschmutzung der Düse, oder
ist die im Mischrohr vorhandene Luft noch nicht vollständig
verdrängt, so schlägt die Flamme beim Anzünden zurück; das
Gas entzündet sich dann an der Düse und nicht am Ende
des Mischrohres und erzeugt einen von unvollkommener
Verbrennung herrührenden widerlichen Geruch. Die Flamme
ist sofort durch Schließen des Hahnes zu löschen und von
neuem zu zünden.

Genaueste Einstellung eines jeden Bunsenbrenners und
sorgfältige Reinhaltung aller seiner Teile ist deshalb
für das richtige Brennen von größter Wichtigkeit. Das Ein-
stellen ist durch den Gaseinrichter womöglich zu derjenigen

Tageszeit vorzunehmen, zu welcher der Apparat am meisten benutzt wird.

Vollkommene Verbrennung des Gases.

Zur vollkommenen Verbrennung des Gases, sei es mit leuchtender oder entleuchteter Flamme, ist es notwendig, daß die Verbrennungsluft ungehinderten Zutritt zur Flamme hat und daß die Verbrennungsgase ungehindert abziehen können.

Unvollkommene Verbrennung erzeugt schlechten Geruch und zeigt sich am Aussehen der Flamme: Leuchtende Flammen ziehen sich in die Länge, flackern und scheiden Ruß ab; entleuchtete Flammen verlieren den blaugrünen Innenkegel, erhalten gelbe Spitzen und beginnen gleichfalls zu rußen.

Die Verbrennungserzeugnisse des Gases.

1 cbm Steinkohlengas mittlerer Zusammensetzung entwickelt bei seiner Verbrennung, gleichgültig ob es mit leuchtender oder entleuchteter Flamme brennt, die gleiche Wärmemenge und erzeugt dabei rd. ½ cbm Kohlensäure und 1¼ cbm Wasserdampf. Es sind dies die gleichen Erzeugnisse, die auch bei der menschlichen Atmung entstehen. Sie sind an sich unschädlich und können nur belästigend wirken, wenn sie sich im Raume bis zu einem hohen Grad ansammeln. Nach Rietschel kann bei vorübergehender, d. h. stundenweiser Benutzung eines Raumes, z. B. einer Küche, ein Kohlensäuregehalt bis 0,4% für zulässig erklärt werden. In dauernd benutzten Räumen wird den hygienischen Anforderungen entsprochen, wenn der Kohlensäuregehalt nicht über 0,15% beträgt.

2. Vorgänge im Schornstein.
Unterschied zwischen Gasheizung und Kohlenfeuerung.

Ein großer Vorzug der Gasheizung besteht darin, daß das Gasfeuer eines künstlichen Zuges, also des Absaugens der Verbrennungserzeugnisse durch einen Schornstein, nicht be-

darf. Im Gegenteil: ein künstlicher Zug kann die Gasverbrennung in ihrer Wirkung im allgemeinen nur be-
einträchtigen. Die Entfaltung der Gasflammen ist die
günstigste und ihre Wirkung die vorteilhafteste, wenn sie
ganz frei ohne Einwirkung künstlichen Zuges, der unvermeid-
lich die Ruhe der Flammenbildung stört, brennen. Hieraus
ergibt sich ein wesentlicher Unterschied zwischen der Verbrennung des Gases und derjenigen der festen Brenn-
stoffe. Bei der Kohlenfeuerung ist ein starker Schornsteinzug notwendig, um dem festen Brennstoff die nötige Luftmenge zuzuführen, die erzeugten Verbrennungsgase durch
die Brennstoffschicht mit ihrem veränderlichen Widerstand
hindurchzusaugen und schließlich, um die Verbrennungserzeugnisse mit den darin enthaltenen schädlichen Gasen und
dem lästigen Rauch aus den Wohnräumen zu entfernen.

Dies ist bei der Gasfeuerung nicht notwendig und eine
große Überlegenheit der Gasverbrennung, zumal im Haus-
halt, wo Einrichtungen einfachster Art wünschenswert sind;
es werden daher, solange die obengenannten hygienischen
Grenzen nicht erreicht sind, Gasheizapparate am besten frei
und ohne jeden Anschluß an einen Schornstein gebrannt.

Auftrieb und Zug; Zugunterbrecher.

Um die Abgase von Gasheizapparaten ins Freie abzuführen, genügt der durch ihre Wärme bedingte Auftrieb selbst
dann, wenn die Flammen nur klein brennen. Dieser natür-
liche Auftrieb darf nicht durch zweckwidrige Anordnung der
Abzugsleitungen wie: vielfache Windungen, Ecken oder Füh-
rungen nach unten beeinträchtigt werden.

Ist es wünschenswert oder erforderlich, die Verbrennungsgase in den Schornstein abzuführen, so empfiehlt es
sich, um die Gasheizapparate von den wechselnden Ver-
hältnissen des Schornsteinzuges unabhängig zu machen,
einen »Zugunterbrecher« (Fig. 1 bis 3) einzuschalten, der
verhindert, daß Windstöße sich bis zu den Flammen fortpflanzen und deren Verbrennung stören können. Die Verbrennungsgase treten in diesem Falle ohne jeglichen künstlichen Zug aus der Gasfeuerstätte.

Durch den Zugunterbrecher wird auch der Abscheidung von Niederschlagwasser im Schornstein vorgebeugt, weil die Verbrennungsgase durch die eingesaugte Zimmerluft verdünnt werden.

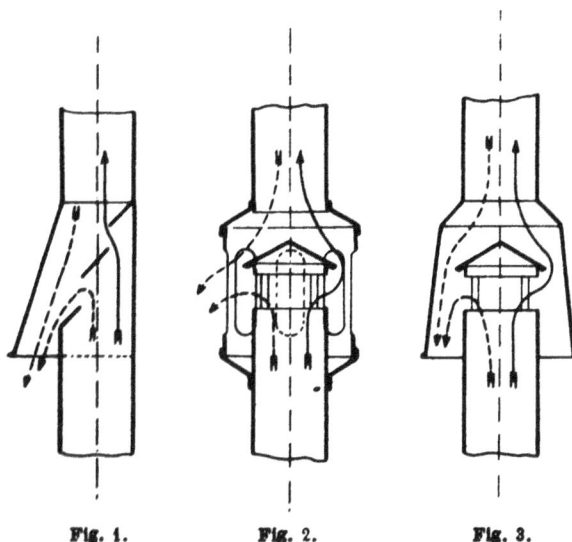

Fig. 1.   Fig. 2.   Fig. 3.

Vielfach ist auf diese Verhältnisse schon bei der Bauart der Apparate selbst Rücksicht genommen (vgl. die 4 ersten Figuren des II. Teils).

3. Anschluß der Gasheizapparate an die Gasleitung.

Rohranschluß.

Gasheizapparate, wie Badeöfen, Zimmeröfen, Kochherde, Wassererhitzer usw., die ihren Standort nicht zu wechseln brauchen, sind durch eine feste Rohrleitung an die Gasleitung anzuschließen. Gelenkrohre und Schläuche sind nur zur Überleitung des Gases nach kleineren versetzbaren Verbrauchseinrichtungen und nur dann zulässig, wenn sie durch einen in der festen Leitung befindlichen Hahn abgeschlossen werden können.

3*

Der Anschluß von Gasheizapparaten an vorhandene Gas-
leitungen soll nur dann vorgenommen werden, wenn deren
Weite genügende Gaszufuhr voraussetzen läßt.

Die Schlauchtüllen zum Anstecken der Schläuche sind
so anzuordnen, daß diese mit sanfter Biegung herabhängen
und ein Knicken vermieden wird. Gummischläuche müssen
aus gutem Material von genügender Wandstärke und genügend
dehnbar sein; minderwertige Gummischläuche sind von der
Verwendung auszuschließen. Die Enden der Schläuche
müssen fest auf den Schlauchtüllen sitzen, daher ist ihre
Befestigung durch Schellen, Klammern, Verschraubungen
usw. zweckmäßig. Auch bei Metallschläuchen sowie umspon-
nenen Patentschläuchen (Drahtspirale mit Gelatineumhüllung
und Baumwollumspinnung) ist darauf zu achten, daß die An-
schlußenden (Muffen) fest auf den Tüllen sitzen. Besonders zu-
verlässig sind Schlauchverbindungen, bei denen umsponnene
oder Metallschläuche durch eine lösbare Verschraubung oder
durch eine andere, das Abgleiten verhütende metallische Kuppe-
lung mit der festen Gasleitung und dem Gasheizapparat verbunden werden. Sehr zweckmäßig sind dabei Steckhähne oder ähnliche Einrichtungen, die bewirken, daß ein Hahn den Gas-
zufluß zum Schlauch erst freigibt, wenn das metallene Ende
des Schlauches mit einem am festen Gasrohrende angebrachten
Metallstück gehörig in Verbindung gebracht ist. Alle Schläuche
müssen so angebracht und gelegt werden, daß sie nicht in
Berührung mit der Flamme kommen oder vom überkochenden
Topfinhalt erreicht werden können.

Hähne.

In jede nach einem Gasheizapparat führende Abzweig-
leitung ist, gleichgültig ob es sich um eine feste oder lösbare Verbindung handelt, ein Absperrhahn einzubauen, der
stets zu schließen ist, wenn der Apparat außer Gebrauch
gesetzt wird.

Sämtliche Hähne müssen ihre Stellung leicht erkennen
lassen. Zu diesem Zweck müssen Hahngriff oder Kerbe in
die Richtung der Gasführung fallen, so daß also der Hahn
geschlossen ist, wenn der Griff oder die Kerbe quer zur Rich-

tung der Gasleitung steht; oder es sind entsprechende Kennzeichen oder Aufschriften anzubringen.

Die Hähne müssen so angebracht sein, daß sie bequem erreichbar, jedoch gegen ein zufälliges, ungewolltes Verstellen z. B. beim Anstreifen mit den Kleidern gesichert sind. Als Abschlußhähne dürfen nur solche Hähne verwendet werden, deren Kegel mit Anschlägen versehen sind, die ihnen nur eine beschränkte Drehung gestatten.

4. Ausführung der Abzugsvorrichtungen.

Weite der Abführungsröhren.

Da der Zweck aller Abzugsvorrichtungen für Gasheizapparate der ist, die Verbrennungsgase vermöge ihres Auftriebes aus dem betreffenden Raum ins Freie abzuführen, ist vor allem dafür zu sorgen, daß dieser Auftrieb nicht durch zu starke Abkühlung der Abgase im Abzugsrohr bzw. im Schornstein beeinträchtigt wird. Es sind deshalb die Querschnitte der Abzugsvorrichtungen nicht größer als nötig zu machen.

Die Erfahrung lehrt, daß es für die Abführung der Verbrennungsgase ausreicht, den Querschnitt des Abzugsrohres 20 mal so groß zu machen als den Querschnitt des den Gasheizapparat speisenden Gasrohres.

Hiernach ergeben sich für die Durchmesser der Abzugsvorrichtungen folgende Werte:

Weiten der Gaszuführung und der Abzugsrohre für Gasheizapparate.

Stündlicher Gasverbrauch	Weite des Gasrohres			Weite des Abzugsrohres		
	Durchmesser		Querschnitt	Querschnitt	Durchmesser	
cbm	Zoll	mm	qmm	qcm	cm	abger. cm
0,2	³/₈	10	78	14	4,2	5
0,6	¹/₂	13	133	27	5,9	6
1,2	⁵/₈	16	201	40	7,2	8
2,0	³/₄	20	314	63	9,0	9
3,8	1	25	491	98	11,2	12
7,5	1¹/₄	32	804	161	14,3	15
12,0	1¹/₂	40	1257	251	17,9	17
27,0	2	50	1963	393	22,4	22

Sind mehrere Gasheizapparate in einem oder in mehreren Stockwerken an ein und dasselbe Abzugsrohr anzuschließen, so ist der Durchmesser der Summe des stündlichen Höchstverbrauches an Gas entsprechend zu wählen.

Tonröhren.

Zur Abführung der Abgase von Gasheizapparaten sind glasierte Tonröhren besonders geeignet, deren nach oben gerichtete Muffen mit Zement, Lehm oder ähnlichen Dichtungsmitteln abzudichten sind. Diese Rohre werden zweckmäßig mit einer Auffangvorrichtung für Niederschlagswasser an der tiefsten Stelle versehen.

In Neubauten solche Schornsteine aus Tonröhren für die voraussichtlich zur Aufstellung kommenden Gasheizapparate in genügender Zahl anzubringen, ist um so wichtiger, als mit Zunahme der Zentralheizungen Schornsteine in geringerer Zahl ausgeführt werden und dann die spätere Einrichtung von größeren Gasheizapparaten, falls sie nicht von vornherein vorgesehen wird, ungemein erschwert ist. Zum mindesten sollten solche Tonröhren in Küchen, Baderäumen und womöglich auch in Wohnräumen vorgesehen werden, weil sich hier die Gasheizung als eine wertvolle Ergänzung der Zentralheizung immer mehr Bahn bricht. Ebenso sollte auch auf die Möglichkeit einer zentralen Warmwasserversorgung durch Gas Bedacht genommen werden.

Wo ein besonderer Schornstein für Gasheizung nicht vorhanden ist, kann der Anschluß an einen vorhandenen Schornstein, auch wenn in diesen außerdem noch andere Feuerstellen einmünden, als unbedenklich zugelassen werden.

Tritt durch einen solchen Anschluß unter besonderen Umständen eine Benachteiligung der anderen Feuerstätten ein, so ist dem durch geeignete Maßnahmen zu begegnen.

Metallröhren.

Für freiliegende Abzugsleitungen sowie für Anschlüsse an vorhandene Schornsteine können Metallrohre (am besten haben sich Gußröhren und Röhren aus verbleitem oder emailliertem Eisenblech bewährt) verwendet werden. Längere horizontale oder nach unten gerichtete Rohrstrecken sind zu vermeiden, ebenso starke Krümmungen und Windungen. Falls die Abführung der Abgase durch Außenwände ins Freie erfolgt, ist es zur Sicherung des nötigen Auftriebs zweckmäßig, die Röhren im Raum bis unter die Decke in die Höhe und dann erst ins Freie zu führen. Die der Kälte ausgesetzte Rohrstrecke ist nötigenfalls mit Wärmeschutz zu versehen.

Die nicht eingemauerten Metall-Abzugsrohre werden am zweckmäßigsten und haltbarsten aus leichten Gußeisenröhren (schottischen Röhren) hergestellt, deren Muffen nach oben zu richten sind. Sie können ähnlich wie Heizrohre, Dampfrohre usw. an den Wänden und in den Ecken oder in offenen oder verdeckten Mauernuten durch die Stockwerke geführt werden.

Bei ihrer Führung durch Böden und Decken erhalten sie zweckmäßig Überschubrohre, innerhalb deren keine Verbindungsmuffen liegen sollen. Besondere Isolierung oder sonstiger Feuerschutz ist nicht notwendig.

Alle Metallröhren sind, um das Austreten von Niederschlagwasser aus den Stoßfugen zu verhüten, so ineinander zu fügen, daß die Enden der einzelnen Rohrstücke in der Richtung des Gefälles in das folgende Rohrstück eingeschoben werden. Die Anbringung von Auffangvorrichtungen für Niederschlagwasser an den tiefsten Stellen der Abzugsrohre ist empfehlenswert.

Anbringung der Zugunterbrecher.

Wo Zugunterbrecher zur Anwendung kommen, werden sie am besten unmittelbar hinter dem Apparat in einen senkrecht nach oben zu führenden Rohranschluß zum Abzugskamin eingeschaltet. In Fällen, wo Gasheizapparate an Außenwänden stehen und die Röhren seitlich ins Freie ausmünden, ist die Einschaltung von Zugunterbrechern nahe der Zimmerdecke zweckmäßig, um durch das im Raume senkrecht in die Höhe zu führende Abzugsrohr den nötigen Auftrieb zu sichern.

**Für Gasheizungen entbehrliche Vorschriften,
die nur für Feuerungen mit festen Brennstoffen gelten.**

Alle Abzugsvorrichtungen, die ausschließlich der Gasheizung dienen, bedürfen keiner besonderen Vorrichtung zur Reinigung, also keiner Putztürchen. Bestimmungen, wie sie durch die Kaminkehrerordnung oder durch sonstige Vorschriften der Polizei und Bauordnung für Abzugsrohre und Schornsteine der Kohlenfeuerung festgesetzt sind, haben auf Abzugsschornsteine, die ausschließlich der Gasheizung dienen, keine Anwendung.

Da die Temperatur in allen der Abführung der Verbrennungserzeugnisse des Gases dienenden Rohren infolge der der Gasheizung eigenen hohen Wärmeausnutzung nur selten 100° C überschreitet, meist aber erheblich darunter bleiben wird und darin weder Feuer noch Funken auftreten können, sind alle Abgasrohre nicht als Feuerungsrohre oder Rauchrohre im Sinne feuerpolizeilicher Verordnungen anzusehen.

Röhrenausmündung.

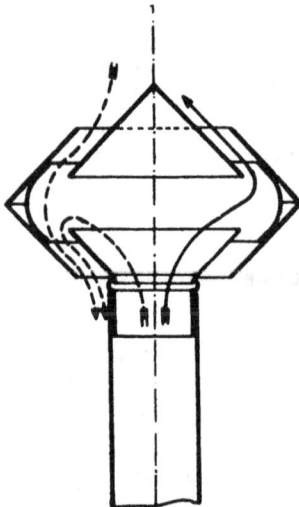

Fig. 4.

Die Abzugsröhren brauchen nicht immer bis über Dach geführt zu werden, sie können auch in unbewohnten Dachböden ausmünden. Die für gewöhnliche Schornsteine zweckmäßige und vorgeschriebene Hochführung über Dachfirst ist bei Gasheizanlagen wegen der damit verbundenen starken Abkühlung oft mehr schädlich als nützlich. Zum Abschluß der Ausmündungen und zum Schutz gegen Windstöße sind feststehende Schutzkappen (z. B. nach Fig. 4) zu empfehlen.

Sonderfälle.

In Badezimmern, Sälen u. dgl. stehen manchmal nur Kanäle alter

Luftheizungsanlagen oder ähnliche Einrichtungen von großer Weite als Schornsteine zur Verfügung. Um die starke Abkühlung der Abgase zu vermeiden, sollten solche Kanäle nicht unverändert benutzt werden, sondern nur dazu dienen, Abzugsröhren aus Ton oder Metall — am besten aus Gußeisen — von entsprechendem Querschnitt aufzunehmen.

II. Besonderer Teil.

1. Gasheizöfen.

Notwendigkeit des Schornsteinanschlusses.

Bei Gasheizöfen ist die Abführung der Abgase allgemein erforderlich. Eine Ausnahme ist nur bei kleineren Öfen, die vorübergehend zur Heizung dienen, zulässig. Solche Öfen können ohne Schornsteinanschluß aufgestellt werden, wenn ihr höchster stündlicher Gasverbrauch 500 l nicht übersteigt.

Durch den Schornsteinanschluß von Gasheizöfen werden nicht nur deren Abgase entfernt, sondern es wird dadurch auch ein Nachströmen frischer Luft, also eine selbsttätige Lufterneuerung im beheizten Raume bewirkt.

Schutz gegen Störungen durch den Schornsteinzug.

Gasöfen sind jetzt meist so gebaut, daß sie von Störungen durch den Schornsteinzug nicht beeinflußt werden. In solchem Fall ist die Anbringung eines besonderen Zugunterbrechers unnötig. Fig. 5 zeigt einen offenen Gaskamin mit entleuchteten Flammen und Glühsteinen, und Fig. 6 einen Reflektorofen mit leuchtenden Flammen. Beide Öfen sind an der Vorderseite offen. Die Schutzvorrichtung besteht darin, daß die obere Abschlußkante der vorderen Öffnung höher liegt als die Oberkante des Brennerrohres. Für gewöhnlich nehmen die Verbrennungsgase den durch volle Pfeile angedeuteten Weg zum Schornstein, ohne über die Abschlußkante der Vorderwand des Ofens herausschlagen zu können. Treten aber Windstöße und Rückströmungen im Schornstein auf, so treten die Abgase auf dem durch punktierte Pfeile angedeuteten Weg vorübergehend in den zu

heizenden Raum aus, ohne daß die Verbrennung dadurch
gestört wird. Bei geschlossenen Gasöfen kann die gleiche

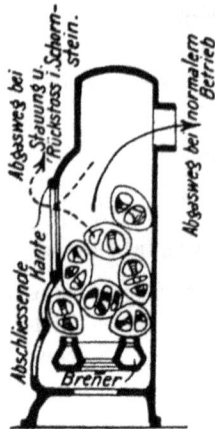

Fig. 5.

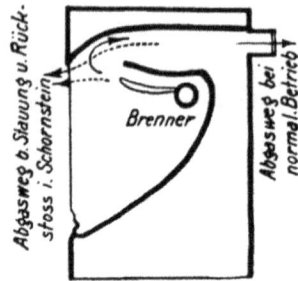

Fig. 6.

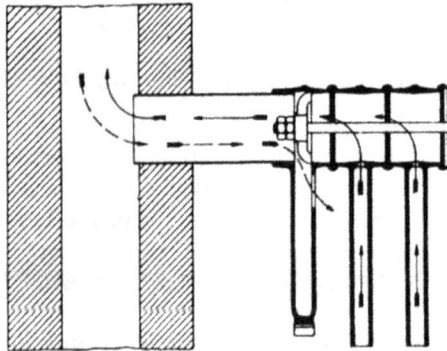

Fig. 7.

Wirkung durch an geeigneter Stelle angebrachte Austritts-
öffnungen (Fig. 7, vgl. auch Fig. 8, S. 19) erzielt werden.

Man kann sich bei der Aufstellung solcher Öfen von der
Wirksamkeit dieser Einrichtungen leicht dadurch überzeugen,

daß man vorübergehend den Abzugsstutzen des Ofens schließt,
während die Flammen voll brennen. Ist die Schutzvorrichtung
im Ofen wirksam, so darf, obwohl der Abzug der Abgase geschlossen ist, die Verbrennung der Flammen nicht gestört
sein. Dies zeigt sich daran, daß das Aussehen der Flammen
unverändert den Bedingungen für die vollkommene Verbrennung (vgl. S. 7) entspricht.

Sicherung des Auftriebes.

Die Ausnutzung der durch die Verbrennung des Gases
entwickelten Wärme darf nur so weit gehen, daß selbst bei
klein brennenden Flammen die Gase noch genügend Auftrieb
besitzen, um mit Sicherheit in den Schornstein abzuziehen.
Diesem Auftrieb darf weder in den Abzugsröhren noch im
Ofen selbst durch zu enge und vielfach ihre Richtung ändernde
Züge zu großer Widerstand geboten werden.

Nach abwärts gehende Züge im Ofen vermindern den
Auftrieb der Abgase. Bei beschränkter Höhe ist jedoch die
notwendige Ausnutzung der in den Verbrennungsgasen enthaltenen Wärme mittels steigender Züge allein oft nicht
möglich. In solchen Fällen müssen den fallenden Zügen stets
so viel steigende Züge vorgeschaltet sein, daß der durch sie
erzielte Auftrieb den Widerstand der Abwärtsbewegung über-
windet. Es entsteht damit am höchsten Teile des Ofens ein
Überdruck, der bei Undichtheit des Ofengehäuses ein Ent-
weichen von Abgasen in den Raum zur Folge haben würde.
Deshalb ist bei den Öfen, die neben steigenden auch fallende
Züge besitzen, darauf zu achten, daß sie an ihrem höchsten
Teile dicht sind.

Man kann sich von dem richtigen Abströmen der Verbrennungsgase des Ofens dadurch überzeugen, daß man vor
seinem Anschluß an den Schornstein prüft, ob die Abgase
noch mit merkbarer Geschwindigkeit aus dem Abzugsstutzen
abziehen, ohne daß Abgase an der Vorderwand des Ofens austreten. Ein solcher unrichtiger Austritt der Abgase aus der
vorderen Öffnung läßt sich leicht durch einen kalten Metall-
gegenstand oder durch einen kalten Spiegel feststellen, den

man vor die zu prüfende Stelle hält. Beschlägt der Spiegel oder das Metall, so ist der Ofen zu beanstanden.

Vermeidung von Staubablagerungen.

Bei Gasheizöfen ist darauf zu achten, daß die luftberührten Flächen nicht zur Staubablagerung Anlaß geben. Die Flächen sind deshalb möglichst steil anzuordnen und tote Winkel zu vermeiden. Oben auf den Apparaten sind Vertiefungen aus dem gleichen Grunde unzweckmäßig. Nur auf solche Ablagerungen von Staub, die auf den wärmeabgebenden Flächen schon bei mäßiger Temperatur verschwälen, sind die üblen Gerüche und die Empfindung von Lufttrockenheit zurückzuführen, die zuweilen beobachtet und in mit Gasöfen geheizten Räumen zu Unrecht dem Gase zur Last gelegt werden. Vor Inbetriebsetzung sind die Gasheizöfen von etwa abgelagertem Staub zu reinigen.

Anordnung der Brenner. Zündung.

Gasheizöfen sollen so gebaut und so aufgestellt sein, daß die Brenner bequem zugänglich sind und daß das richtige Brennen der Flammen jederzeit beobachtet werden kann. Das Zünden erfolgt entweder unmittelbar durch das sofort beim Öffnen des Hahnes bereitzuhaltende Zündmittel oder mit Hilfe einer kleinen, am Ofen befindlichen Zündflamme. Die einzelnen Brenneröffnungen müssen so nahe aneinander liegen, daß sich bei voller Hahnöffnung die Entzündung von einer auf die andere Flamme stets sicher fortpflanzt. Beim Anzünden überzeuge man sich, daß alle einzelnen Flämmchen brennen. Auch beim Kleinstellen ist darauf zu achten, ob nicht etwa einzelne kleine Flämmchen erloschen sind. Brennen Flammen ungleich, so ist dies ein Zeichen, daß die Brenneröffnungen verschmutzt und in Ordnung zu bringen sind.

Behandlung der Gasheizöfen.

Die Wartung beschränkt sich bei Gasheizöfen auf die Regelung der Flammen nach der gewünschten Raumtemperatur; sie geschieht für gewöhnlich von Hand, kann aber auch durch selbsttätige Temperaturregler erfolgen.

2. Badeöfen, Wassererhitzer.

Notwendigkeit des Schornsteinanschlusses.

Badeöfen und alle größeren Wassererhitzer, wozu die Warmwasserautomaten zur Versorgung ganzer Gebäude oder einzelner Stockwerke oder auch Apparate zur zentralen Warmwasserheizung gehören, müssen stets an einen Schornstein oder an eine Abgasleitung angeschlossen werden.

Schutz gegen Störungen durch den Schornsteinzug.

Ähnlich wie die Gasheizöfen sind auch die meisten Wassererhitzer jetzt so gebaut, daß die Verbrennung des Gases von Störungen durch den Schornsteinzug unabhängig ist. Fig. 8 zeigt, wie bei Windstößen im Schornstein die Abgase aus Schlitzen im Mantel des Apparates austreten, ohne daß solche Störungen sich bis zur Flamme fortpflanzen können. Von der Wirksamkeit dieser Einrichtung kann man sich, wie bei den Gasheizöfen, durch Beobachten der Flamme bei geschlossenem Abzugsstutzen überzeugen. Besitzt der Wassererhitzer eine solche Vorrichtung nicht, so ist in das zum Schornstein führende Abzugsrohr ein Zugunterbrecher einzuschalten.

Sicherung des Auftriebes.

Da bei Gasbadeöfen (Wassererhitzern) die Wärme nicht selten so stark ausgenutzt wird, daß die Abgase nur mit geringer Temperatur in den Abzug treten, so ist Sorgfalt darauf zu verwenden, daß der Auftrieb nicht durch lange und gekrümmte Führung der Heizgase in den Apparaten vermindert wird. Als besonders wirksam hat es sich erwiesen, unmittelbar über den Flammen eine hohe geräumige Verbrennungskammer anzuordnen, die als sog. »vorgeschalteter

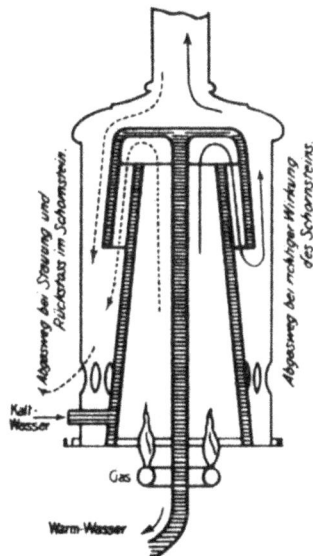

Fig. 8.

Schornstein* genügenden Auftrieb erzielt, um selbst den Widerstand kurzer darauffolgender fallender Züge zu überwinden (Fig. 8).

Auch bei den Wassererhitzern kann man sich in ähnlicher Weise wie bei den Heizöfen vor ihrer Aufstellung von der richtigen Wirkungsweise überzeugen, indem man prüft, ob bei durchfließendem Wasser die Abgase aus dem Abzugsstutzen noch mit merkbarer Geschwindigkeit austreten.

Aufstellungsort; Lüftung.

In Baderäumen fehlt häufig die Möglichkeit eines geeigneten Schornsteinanschlusses. In solchen Fällen ist statt eines Badeofens ein Heißwasserautomat zu wählen, der an einer Stelle mit geeignetem Schornsteinanschluß außerhalb des Baderaumes (Küche, Gang, Keller, Dachboden) aufgestellt werden kann.

Kommen die Wassererhitzer in kleinen Baderäumen zur Aufstellung, so ist nicht nur für die Abführung der Verbrennungsgase, sondern auch für die Zuführung frischer Luft zum Baderaum zu sorgen, da ein Gasbadeofen zur Verbrennung des für ein Vollbad nötigen Gases in 10 bis 20 Minuten mindestens $7\frac{1}{2}$ cbm Luft verbraucht. Es kann schon ein kleiner Spalt der Zimmertüre oder eine unten an ihr ausgeschnittene Öffnung dem Mangel abhelfen.

Behandlung der Wassererhitzer.

Bei Badeöfen und Wassererhitzern ist die richtige Einstellung der Brenner nach dem Leitungsdruck von Wichtigkeit, damit der zulässige Gashöchstverbrauch nicht überschritten und die Wirtschaftlichkeit nicht beeinträchtigt wird. Auch die Durchflußmenge des Wassers ist zu prüfen.

Bei der Inbetriebsetzung von Gasbadeöfen ist besonders zu beachten, daß das Wasser läuft, ehe man das Gas anzündet; sonst kann es vorkommen, daß kein Wasser im Ofen ist und daß die durch das Gasfeuer entstehende Überhitzung zu Abschmelzungen führt. Um diese Möglichkeit von vornherein auszuschließen, werden die Wassererhitzer meist mit Sicherheitshähnen ausgestattet, bei denen Gas- und Wasserhahn so miteinander in Verbindung stehen, daß der Gashahn nicht geöffnet werden kann, ehe der Wasserhahn geöffnet ist.

Zur bequemen Zündung können ausschwenkbare Brenner verwendet werden; besser ist es, die Sicherheitshähne so einzurichten, daß sie das Öffnen des Gashahnes am Apparat erst dann zulassen, wenn eine die Hauptflamme entzündende Zündflamme angebrannt oder in den Apparat eingeschwenkt ist.

Die Zündflamme soll nicht zu klein brennen, damit sie nicht durch den plötzlichen Druckabfall beim Öffnen des Haupthahnes erlischt, aber auch nicht so groß, daß sie die Flamme des Hauptbrenners stören könnte.

Eine kurze Gebrauchsanweisung sollte an jedem größeren Wassererhitzer, der mit Sicherheitshähnen ausgestattet ist, angebracht werden, um eine mißbräuchliche Handhabung oder gewaltsame Beschädigung dieser Hähne zu verhüten.

Bei Verwendung harten Wassers sind zur Verhütung von Störungen und unnützen Gasverbrauchs von Zeit zu Zeit die Kalkansätze in den Apparaten fachgemäß entfernen zu lassen. Um derartige Ansätze im übrigen möglichst hintanzuhalten, sind selbsttätige Wärmeregler (Thermostaten) zu empfehlen, die verhüten, daß das Wasser Temperaturen erreicht, bei denen der Kalk sich merklich abzuscheiden beginnt (40 bis 50° C).

3. Gaskochapparate.

Lüftung der Küchen.

Da in jeder Küche bei der Speisebereitung Dämpfe und Dünste entstehen, die ihres Geruches wegen belästigend wirken können, so ist für eine ausgiebige Lüftung des Küchenraumes zu sorgen.

Grenzen für die Notwendigkeit des Schornsteinanschlusses.

Für die Entscheidung der Frage, ob bei Gaskochapparaten die Notwendigkeit des Schornsteinanschlusses vorliegt, kommt die Forderung der Hygiene in Betracht, daß bei vorübergehender, d. h. stundenweiser Benutzung eines

Raumes, z. B. einer Küche, ein Kohlensäuregehalt der Luft von 0,4% d. h. von 0,4 cbm Kohlensäure in 100 cbm Luft für zulässig erklärt werden kann, also nicht überschritten werden soll.

Da 1 cbm Gas bei seiner Verbrennung rund $\frac{1}{2}$ cbm Kohlensäure erzeugt, würde eine Gasmenge von 0,8 cbm 0,4 cbm Kohlensäure in die Luft entlassen. Zur Beurteilung des höchsten in einem Küchenraum auftretenden Kohlensäuregehaltes bietet der Höchstverbrauch an Gas, d. h. derjenige Gasverbrauch, der entstehen würde, wenn die sämtlichen Brenner aller Gasapparate in der Küche gleichzeitig und mit voller Flamme brennen[1]), die geeignetste Grundlage, weil er jederzeit festzustellen ist.

Tatsächlich sind die Brenner selten gleichzeitig und nur kurze Zeit (Ankochen) mit voller Flamme in Benutzung, die übrige Zeit (Fortkochen) mit kleingestellter Flamme, so daß bei normalem Betrieb der wirkliche Gasverbrauch kaum den dritten Teil des Höchstverbrauches erreicht. Es wird also in der Regel erst ein Apparat mit einem Höchstverbrauch von 3 mal 0,8 = 2,4 cbm so viel Kohlensäure erzeugen, daß die Küchenluft ohne jede Lüftung des Raumes auf das hygienisch zulässige Maß von 0,4% angereichert wird.

Da aber in Küchen auf einen natürlichen Luftwechsel zu rechnen ist, der eine mindestens einmalige Lufterneuerung in der Stunde bewirkt (diese Wirkung steigert sich noch durch das gelegentliche Öffnen von Fenstern und Türen), so verdünnt sich der von den Gaskochapparaten herrührende Kohlensäuregehalt nochmals auf die Hälfte. Die Grenze von 0,4% Kohlensäure wird also tatsächlich erst dann erreicht, wenn der Höchstverbrauch an Gas 4,8% des Luftinhaltes der Küche erreicht.

Legt man z. B. einen Küchenraum mittlerer Größe von 50 cbm Luftinhalt zugrunde, und nimmt man den zulässigen Höchstverbrauch an Gas mit 2 cbm an, so entspricht dieser einem wirklichen Verbrauch bei normaler Benutzung von $\frac{2}{3}$ cbm Gas. Diese entwickeln bei ihrer Verbrennung rd.

---

[1]) Bei Doppelbrennern (Sparbrennern) ist nur der Verbrauch des Hauptbrenners als Höchstverbrauch zu rechnen.

$^1/_3$ cbm Kohlensäure, die durch den natürlichen Luftwechsel
in der Küche auf die Hälfte, also auf $^1/_6$ cbm (= 0,167 cbm)
Kohlensäure verdünnt wird. Die Hygiene läßt aber für diesen
Küchenraum 0,4%, d. i. 0,2 cbm Kohlensäure zu. Selbst
wenn die Gaskochapparate an keinen Schornstein angeschlossen und besondere Lüftungsvorrichtungen nicht vorhanden sind, bleibt also in diesem Falle der durch sie der
Küchenluft mitgeteilte Kohlensäuregehalt noch erheblich unter
dem hygienisch zulässigen Grenzwert.

Demnach ist ein stündlicher Höchstverbrauch von 4%
des Luftinhaltes oder von 2 cbm Gas auf 50 cbm Luftraum
völlig unbedenklich. Bei Überschreitung dieses Verbrauches sind
einfache Lüftungsvorrichtungen, als welche in der Regel leicht
zu öffnende Luftklappen in den obersten Fensterscheiben
oder ähnliche Vorrichtungen in Betracht kommen, einzurichten.

Es ist daher nicht notwendig, in solchen und auch noch
in kleineren Küchen, Kochplatten, Bratrohre oder selbst
kleinere Gasherde an Schornsteine anzuschließen. Der an
einzelnen Orten von Behörden verlangte Schornsteinanschluß
sog. kombinierter Herde wird sich für den mit Gas beheizten
Teil in den meisten Fällen als nicht notwendig erweisen.

Schornsteinanschluß.

Wo große Gaskochapparate (Gasherde, Brat- und Back-
öfen usw.) von mehr als 2 cbm stündlichem Höchstverbrauch
auf 50 cbm Luftraum die Abführung der Abgase erheischen,
ist die Einschaltung von Zugunterbrechern in die Abzugsleitung
sehr zu empfehlen. Der Schornsteinanschluß ist überall da leicht
zu bewerkstelligen, wo die Apparate an den Wänden in der
Nähe eines Schornsteines aufgestellt werden können. Müssen
jedoch große Herde von allen Seiten zugänglich sein und deshalb in der Mitte des Raumes stehen, so kann die Abführung
der Abgase am besten dadurch bewerkstelligt werden, daß über
dem Herd eine Dunsthaube angebracht und durch ein Abzugsrohr mit dem Schornstein verbunden wird.

Ungestörte vollkommene Verbrennung.

Um jederzeit das Mischungsverhältnis des Gases zu der
vom Brenner angesaugten Mischluft so regeln zu können, daß

die Bunsenflamme mit scharf begrenztem grünem Innenkegel brennt, sind feststellbare Einstellungsvorrichtungen an der Gas- und Luftzuführung zweckmäßig. Bei den in die Koch- und Bratapparate eingebauten Brennern ist für genügenden Luftzutritt und für ungehinderten Abzug der Verbrennungsgase zu sorgen. Beides muß auch dann noch gesichert sein, wenn die Kochlöcher durch darauf gestellte Töpfe oder Pfannen abgedeckt werden.

Behandlung der Gaskochapparate.

Alle Gaskochapparate müssen stets sauber gehalten und die Brenner so oft als notwendig von Staub und Schmutz und übergekochten Speiseresten gereinigt werden. Zu diesem Zweck sollen die Brenner bequem zugänglich und wenn erforderlich leicht auseinander zu nehmen sein.

Zum Anzünden des Gases verdienen an Stelle von Zündhölzern die reinlicheren und sichereren Zündmittel den Vorzug, z. B. Cereisenanzünder mit Benzinfüllung für Flammen in geschlossenen Räumen (Backrohren), gewöhnliche Cereisenzünder für offene Flammen.

Ein sparsames Kochen ist nur dann möglich, wenn die Flammen nach dem Ankochen der Speisen klein gestellt werden. Zu diesem Zweck sind leicht und übersichtlich zu handhabende Kleinstellvorrichtungen anzubringen.

Zusammenfassung.

1. Alle Gasverbrauchsapparate müssen das Gas vollkommen und geruchlos verbrennen.

2. Leuchtflammen müssen eine klare, scharf begrenzte Form über einem nichtleuchtenden Kern haben; sie dürfen nicht trübe und unruhig brennen und sich nicht in die Länge ziehen.

3. Entleuchtete Flammen müssen einen scharf begrenzten, blaugrünen Kern (Innenkegel) und darüber einen blauen Flammenschleier (Außenkegel) haben. Ist der Innenkegel nicht scharf begrenzt, so ist die Luftbeimischung durch die Öffnungen im Mischrohr ungenügend; das Gas verbrennt unvollkommen und mit unangenehmem Geruch.

4. Schlägt die Flamme zurück, so wird zu wenig Gas oder zuviel Luft zugeführt.

5. Bunsenbrenner sind sorgfältig einzustellen und rein zu halten.

6. 1 cbm Steinkohlengas erzeugt bei der Verbrennung rd. ½ cbm Kohlensäure und 1¼ cbm Wasserdampf.

7. Zur vollkommenen Verbrennung des Gases ist ein künstlicher Zug (Schornsteinzug) nicht erforderlich; hierin liegt ein wesentlicher Unterschied von den Feuerungen mit festen Brennstoffen (Kohle, Koks usw.).

8. Der Auftrieb der warmen Gase genügt zu ihrer Ableitung.

9. Gasheizapparate, wie Badeöfen, Zimmeröfen, Kochherde, Wassererhitzer usw., die ihren Standort nicht zu wechseln brauchen, sind durch eine feste Rohrleitung an die Gasleitung anzuschließen.

10. Gelenkrohre und Schläuche sind nur zur Überleitung des Gases nach kleineren versetzbaren Verbrauchseinrichtungen und nur dann zulässig, wenn sie durch einen in der festen Leitung befindlichen Hahn abgeschlossen werden können; die Befestigung der Schläuche muß an beiden Seiten durchaus sicher sein.

11. Die Querschnittsfläche des Abzugsrohres für die Abgase soll 20 mal so groß sein als der Querschnitt des Gaszuführungsrohres (Tabelle S. 11).

12. Bei Neubauten sollen Schornsteine für Gasheizapparate vorgesehen werden; wo solche fehlen, ist der Anschluß an vorhandene Schornsteine, auch wenn in diesen noch andere Feuerstätten einmünden, im allgemeinen unbedenklich (siehe S. 12).

13. Abzugsleitungen sind auf kürzestem Weg in den Schornstein zu führen.

14. Um die Flammenentwicklung vom Schornsteinzug unabhängig und Windstöße unschädlich zu machen, sind Zugunterbrecher in das Abzugsrohr einzuschalten, sofern solche in den Apparaten selbst nicht schon angebracht sind.

15. Badeöfen und alle größeren Wassererhitzer, wozu die Warmwasserautomaten zur Versorgung ganzer Gebäude oder einzelner Stockwerke oder auch Apparate zur zentralen Warmwasserheizung gehören, sowie Gasheizöfen von mehr als 500 l stündlichem Höchstverbrauch an Gas müssen stets an einen Schornstein oder an eine Abgasleitung angeschlossen werden.

16. Geruch bei Gasheizöfen rührt von Staubablagerungen auf heißen Flächen her; die Öfen sind deshalb rein zu halten.

17. Bei Gasbadeöfen und Wassererhitzern ist dafür zu sorgen, daß das Wasser läuft, ehe das Gas angezündet wird; Sicherheitshähne sind besonders zu empfehlen.

18. An allen Wassererhitzern ist eine kurze Gebrauchsanweisung anzubringen.

19. In Gasküchen soll den Anforderungen der Hygiene entsprechend bei normalem Luftwechsel der Kohlensäuregehalt 0,4% nicht überschreiten.

20. Dieser Bedingung wird auch ohne Abführung der Abgase entsprochen, wenn der stündliche Höchstverbrauch an Gas in der Küche 2 cbm auf 50 cbm Luftraum nicht übersteigt. Bei Überschreitung dieses Verbrauches sind einfache Lüftungsvorrichtungen anzubringen.